考える力を育てる

天才ドリル

文章題が正しく
読めるようになる
どっかい算
たし算・引き算編

認知工学・編
水島 醉・著

小学校
1～3年生
対象

「考える力」を育てる
Discover
ディスカヴァー

はじめに

■小学校低学年の段階から「読解力」を育むことができます

　2020年7月に『天才ドリル　文章題が正しく読めるようになる　どっかい算【小学校3年生以上】』を刊行しました。すると、お子さんたちから**「問題文をしっかりと読むことの大切さがわかった」「正しく読めば解けるということが理解できた」**、また「テストの点数・成績が上がった」という多くの声が寄せられました。

　さらに、**「ものごとを、筋道を立てて論理的に考える力＝思考力が上がった」**という声も、たくさんいただいています。

　その一方で、「問題が少し難しかった」「かけ算・わり算をまだ習っていないので、解けない問題があった」という声もいただきました。

　そこで、まだかけ算・わり算を習っていないお子さんでも解けるように、たし算・引き算を使えば解ける問題だけを集め、「小学校1〜3年生向け」として本書を新たに制作することにしました。

■『どっかい算』は、問題文を正しく読み、理解できるようになる教材

　本書は、学習教室エム・アクセスにおいて、長年にわたって多くの子どもたちを見てきた結果でき上がった、まったくのオリジナル教材です。

　問題そのものはたいへん易しいレベルでありながら、設問文が長くて必要のない内容や数字が入っており、**しっかりと読み込まないと解けないのが特徴**。問題を解

く際において、**「設問が正しく読めていないから解けない」という原因を発見し、それを解決することができる数少ない教材**です。

　算数の文章題を解くときには、2つの大きなポイントがあります。

❶ 設問の文章が正しく読み取れているかどうか＝条件を読み取れているか
❷ 何を求めなければならないか＝設問で問われていること＝解答する内容が分かっているか

　計算ミス以外で、文章題でまちがう理由で最も多いのが、**❷の「何を求めなければならないか」を正しく理解していない**ことです。
　次に多いのが、**❶の「設問の文の条件」が正しく読み取れていない**ことです。
　理解の流れは「❷何を求めなければならないか（解答する内容）」を分かったうえで、「❶設問文に書かれた条件を正しく読み取る」という順になります。
　ですから、設問の文章の流れ（❶条件 ➡ ❷解答する内容）と理解の流れとは反対になり、**設問の文章を何度も読み返すという作業が、どうしても必要になる**のです。

「計算や一行問題（設問文の短い問題）は得意だが、文章題は苦手」というお子さんの多くは、文章を読む力が弱いことに原因があります。ですから、まずは読解の基礎体力である「音読」の練習をしっかりする必要があります。**算数も国語も、成績アップの鍵は「読解力」にあるのです。**
　本書では、算数の読解力に特化して、文章題を正しく解くためのポイントを、できるだけ分かりやすく解説していきます。

Contents

✏️ れいだい 1

ハルトくんは えんぴつを 7本 もっています。エマさんは えんぴつを 6本と けしごむを 3こ もっています。リクくんは けしごむ 6こと じょうぎ 2本を もっています。3人あわせて えんぴつは なん本 ありますか。

✏️ れいだい 1 のかいせつ

　ぶんしょうだいを 正しく とくためには、もんだいの ぶんしょうを さいごまで きちんと よむことが たいせつです。とちゅうまで よんだだけで もんだいを ときはじめると、ミスを することが おおいので きを つけましょう。

　とくに、「なにが たずねられているか」を きちんと りかいしないと、まちがってしまいます。

　この もんだいでは 「3人あわせて えんぴつは なん本 ありますか」と たずねられています。もんだいの ないようを せいりしてみ

ましょう。

ハルトくんの　えんぴつ：7本
エマさんの　えんぴつ　：6本
リクくんの　えんぴつ　：0本（もっていない）

ですから
しき　：7＋6＝13
こたえ：13本

[おうちの方へ]

　問われていることは「3人のえんぴつの合計本数」です。「何を答えたらいいのかな？」と、まずそれをお子さんが分かっているかを確認してください。
　次に、ハルト、エマ、リクがそれぞれ何本ずつえんぴつを持っているかを確かめさせます。この2点を理解できていることを確認したうえで、式を書かせましょう。

　式は一般に単位を書かずに
7 ＋ 6 ＝ 13
とすることが多いのですが、理解のためには
7本 ＋ 6本 ＝ 13本

と書くのもおすすめです（ですが、学校教科書など一般には「式には単位を書かない」と指導されますので、お子さんが混乱しないように教えてあげてください）。

　式はすべて一例です。たとえば「０本」も考えて

$$7 + 6 + 0 = 13$$

　というのも、考え方としてはよいものです。ただし、学校などで「０は計算しない」と教わっている場合は、「０は足しても引いても変わらないから、書かなくていいよ」とご指導ください。

✏️ れいだい 2

ハルトくんは　えんぴつを　7本　もっています。エマさんは えんぴつを　6本と　けしごむを　3こ　もっています。リクく んは　けしごむ　6こと　じょうぎ　2本を　もっています。3 人あわせて　けしごむは　なんこ　ありますか。

✏️ れいだい 2 のかいせつ

　これは、[**れいだい 1**]　と　ほとんど　おなじ　もんだいですね。さ て　この　もんだいは、[**れいだい 1**]　と　どこが　ちがうでしょうか。

　よく　よんだ人は　わかりましたね。さいごの　たずねている　ぶぶん の　「3人あわせて　けしごむは　なんこ　ありますか」が　ちがいまし たね。

　子ども　3人が　もっている　ものの　かずは [**れいだい 1**]　と　お なじでした。ただし、たずねられている　ないようが　ちがいますから、 せいりの　しかたも　かわります。ここは　「けしごむ」に　ちゅうもく しましょう。

ハルトくんの　けしごむ：0こ（もっていない）
エマさんの　けしごむ　：3こ
リクくんの　けしごむ　：6こ

ですから
　　しき　：3＋6＝9
　　こたえ：9こ

[おうちの方へ]

　問われていることが「3人のけしごむの合計個数」であることを、お子さんの口から言わせるようにしてください。どうしても分からない場合は、設問の文章の「3人あわせて　けしごむは　なんこ　ありますか」の部分を指さすなどして、「注目させる➡声に出して読ませる」ようにしてください。

✎ れいだい 3

3人の ともだちが なんまいかの カードを もっています。
メイさんは あかい カードを 5まいと、きいろい カードを
7まい、あおい カードを 4まい もっています。ミナトくん
は きいろい カードを 3まい、しろい カードを 6まい、
あかい カードを 9まい もっています。サナさんは しろい
カードと あおい カードと きいろい カードを それぞれ
5まいずつ もっています。

① 3人あわせて あかい カードは なんまい ありますか。
② 3人あわせて しろい カードは なんまい ありますか。
③ メイさんと サナさんの カードは ぜんぶ あわせて な
んまい ありますか。

✎ れいだい 3 のかいせつ

　おなじ もんだいの ぶんしょうで、3つの といが ありましたが、
まずは、もんだいの ぶんしょうぜんたいを せいりしましょう。[れい
だい 3] のように、たくさんの すうじが でてくるばあいは、ひょう
にして せいりしてみましょう。

	あか	きいろ	あお	しろ
メイさん	5まい	7まい	4まい	0まい
ミナトくん	9まい	3まい	0まい	6まい
サナさん	0まい	5まい	5まい	5まい

こうすると、たいへん　わかりやすく　なります。

　さて、いちばん　たいせつなのは「なにが　たずねられているか」でしたね。「なにが　たずねられているか」　つまり　「なにを　こたえるか」が　かかれているのは　①、②、③の　ぶぶんです。
　それぞれ　1つずつ　みていきましょう。

　①は　「3人の　あかい　カード」の　まいすうですね。上の　ひょうの　「あか」の　ぶぶんの　ごうけいを　もとめましょう。

　　　しき　：5＋9＝14
　　　こたえ：<u>14まい</u>

②は 「3人の しろい カード」の まいすうですね。ひだりの ひょうの 「しろ」の ぶぶんの ごうけいを もとめます。

しき ：6＋5＝11
こたえ：11まい

さて③は 「メイさんと サナさんの カード」の ごうけいの まいすうですね。ひだりの ひょうの 「メイさん」と 「サナさん」の ごうけいを もとめます。

しき ：5＋7＋4＋5＋5＋5＝31
こたえ：31まい

[おうちの方へ]

「表にすると分かりやすい」ということを、ご指導ください。ヒントとして、表のわくを書いてあげるのもよいでしょう。

③は、メイさんとサナさんを別々に考えて
しき ：5＋7＋4＝16 ……メイさん
　　　　5＋5＋5＝15 ……サナさん
　　　　16＋15＝31

こたえ：<u>31 まい</u>

　とするのも可です。九九を習っている場合は「5 × 3 = 15　……サナさん」ももちろん正解です。「5 × 4 + 7 + 4 = 31」というような式を立てる子どももいます。

　お子さん自身の理解に合わせて、式（考え方）は柔軟であってよく、「こちらの式にしなさい」という押しつけは混乱を招くので、ご注意ください。

ここから
しょきゅうへん!
がんばるぞ

✏️ しょきゅうへん

もんだい 1

きょう、アオイくんは こくごのしゅくだい4ページを 3じかんで やりました。ミオさんは りかのしゅくだい 7ページを 4じかんで やろうと おもいましたが、おわるまでに 5じかん かかりました。イチカさんは しゃかいのしゅくだい9ページを 6じかんで やろうと おもいましたが、とちゅうで ねむくなったので、さいごの 3ページは できないままでした。きょう、3人は しゅくだいを ぜんぶで なんページ やりましたか。

こたえ：

▶こたえはつぎのページ！

　この　もんだいで　たずねられていることは　「ぜんぶで　なんページ
やりましたか」ですね。やった　じかんは　ここでは　かんけいありませ
ん。アオイくん、ミオさん、イチカさんの、それぞれ　しゅくだいを　や
った　ページすうを　せいりしましょう。

　　　　アオイくん：4ページ

　　　　ミオさん　：7ページ

　　　　イチカさん：9－3＝6ページ

　　　　（9ページ　やろうと　おもったが　3ページは　できなかった）

3人が　やった　しゅくだいの　ページは、ぜんぶで
4＋7＋6＝17ページ　に　なります。

　　　　しき　：9－3＝6　……イチカさんが　やった　ページ
　　　　　　　　4＋7＋6＝17
　　　　こたえ：17ページ

もんだい 2

ユイさんは あかい おはじきを 2こ、きいろい おはじきを 4こ、しろい おはじきを 3こ もっています。コハルさんは あおい おはじきを 6こ、きいろい おはじきを 4こ、あかい おはじきを 2こ もっています。ツムギさんは きいろい おはじきを 6こと、あおい おはじきを 9こ もっています。

① 3人あわせて きいろい おはじきは なんこ ありますか。

② 3人あわせて あおい おはじきは なんこ ありますか。

③ ユイさんと ツムギさんの おはじきは ぜんぶ あわせて なんこ ありますか。

こたえ： ①   ②   ③

▶こたえはつぎのページ！

まずは、ひょうを　かいて　せいりしてみましょう。

	あか	きいろ	しろ	あお
ユイさん	2こ	4こ	3こ	0こ
コハルさん	2こ	4こ	0こ	6こ
ツムギさん	0こ	6こ	0こ	9こ

①で　たずねられていることは　「3人の　きいろい　おはじき」の
こすうです。

　　　　しき　：4＋4＋6＝14

　　　　こたえ：14こ

②は　「3人の　あおい　おはじき」の　こすうです。

　　　　しき　：6＋9＝15

　　　　こたえ：15こ

③は　「ユイさんと　ツムギさんの　おはじき」の　こすうですね。

　　　　しき　：2＋4＋3＋6＋9＝24

　　　　こたえ：24こ

もんだい
3

アオトくんは　えんぴつを　7本　もっています。アオトくんの　ともだちの　ハルキくんは　3本　もっています。アオトくんの　おねえさんの　ミドリさんは　9本　もっています。アオトくんきょうだいは、2人で　あわせて　えんぴつを　なん本　もっていますか。

こたえ：

▶こたえはつぎのページ！

　アオトくんきょうだいは、アオトくんと　おねえさんの　ミドリさんです。アオトくんと　ミドリさんの　2人(ふたり)の　えんぴつの　本(ほん)すうを　けいさんしましょう。

　　　　しき　：7＋9＝16
　　　　こたえ：<u>16本(ぼん)</u>

もんだい 4

3人の こどもが なんまいかの カードを もっています。ヒマリさんは 6まい、サクラさんは 2まい、ホノカさんは 9まいです。サクラさんの カードが すくないので、ヒマリさんは 2まいを、ホノカさんは 3まいを、サクラさんに あげました。いま 3人は あわせて なんまいの カードを もっていますか。

こたえ：

▶こたえはつぎのページ！

だれが　だれに　なんまいの　カードを　あげても　もらっても、3人^{にん}の　カードの　ごうけいの　まいすうは、かわりません。ですから、あげた　カード（もらった　カード）の　けいさんを　する　ひつようは　ありません。

　　　しき　：6＋2＋9＝17
　　　こたえ：17まい

もんだい
5

3人の こどもが なんまいかの カードを もっていました。ヒマリさんは 9まい、サクラさんは 7まい、ホノカさんは 8まいでした。みんなで みせあったあと、ヒマリさんは サクラさんに 1まい あげました。ホノカさんは サクラさんから 2まい もらいました。いま サクラさんは なんまいの カードを もっていますか。

こたえ：

▶こたえはつぎのページ！

だれが　だれに　なんまい　あげたか（もらったか）を　正しく　かんがえ
ましょう。さいしょから　じゅんに　かんがえると　わかりやすいでしょう。

★さいしょ
　ヒマリさん：9まい　　　サクラさん：7まい　　　ホノカさん：8まい
★ヒマリさんが　サクラさんに　1まい　あげた
　ヒマリさん：9－1＝8まい　　　サクラさん：7＋1＝8まい
　ホノカさん：8まい（かわらず）
★ホノカさんが　サクラさんから　2まい　もらった
　ヒマリさん：8まい（かわらず）　　　サクラさん：8－2＝6まい
　ホノカさん：8＋2＝10まい

　ぜんいんの　まいすうを　すべて　かくと、たいへん　よく　わかります。
でも、たずねられているのは　サクラさんですから、サクラさんの　まいすう
だけ　けいさんしても　かまいません。
　　　　　しき　：7＋1－2＝6
　　　　　こたえ：<u>6まい</u>

[おうちの方へ]

　誰が誰に何枚あげたか、あるいはもらったかを、きちんと考えられるかが、この問題の
ポイントです。すぐに「サクラさん」に注目すればよいことに気がついた場合は、サクラ
さんの式だけでもかまいませんが、全体が見えていない場合は、全員の数のやりとりを、
しっかり整理するようにご指導ください。

　数字だけでは分かりにくいこともあります。実際にカード（あるいはその代用品）を手
元に置いて、「あげる・もらう」の移動を、お子さんと一緒になさってみてください。

もんだい 6

3人の こどもが いくつかの キャンディを もってい
ました。ユイトくんは 10こ、ソウタくんは 9こ、イ
ツキくんは 6こでした。イツキくんは みんなより す
くなかったのに、いま なんこか たべてしまい、さらに
すくなく なりました。そこで ユイトくんは 3こ、ソウタくんは 2
こ、イツキくんに あげました。さて、イツキくんの キャンディの か
ずは、なんこに なりましたか。

こたえ：

▶こたえはつぎのページ！

　イツキくんの　キャンディの　かずを　もとめます。

　イツキくんは、はじめ　6こ　もっていました。そして　なんこか　たべました。それから　ユイトくんから　3こ、ソウタくんから　2こ　もらいました。

　イツキくんが　2人から　もらった　かずは　わかりますが、たべたかずは　かいてありませんので、わかりません。ですから、この　もんだいは　こたえを　もとめることが　できません。

　　　こたえ：わからない

　　べつの　かんがえかた：イツキくんが　キャンディを　なんこか　たべたあとの　かずは、0〜5こ。

　　それから　5こ　もらったから、いま　あるのは、5〜10こ。

　　　こたえ：5こ　から　10こ

[おうちの方へ]

　通常、小学校の算数の問題では、正答がある問題が出題されます。しかし、中学以降、「解なし」という問題も出てきます。また、日常のさまざまな問題については、むしろ正答があるものの方が少なく、答えのない、また何が正しい答えかわからないものがほとんどです。

「答えがない場合もあるんだよ」ということを、ぜひ教えてあげてください。

もんだい 7

3人の こどもが いくつかの キャンディを もってい ました。アオイさんは 10こ、ハナさんは 12こ、コユ キさんは 7こでした。コユキさんは みんなより すく なかったのに、いま なんこか たべてしまい、さらに すくなく なりました。そこで アオイさんは 1こ、ハナさんは 3こ、 コユキさんに あげました。すると 3人の キャンディの かずは み んな おなじに なりました。さて、コユキさんは キャンディを なん こ たべましたか。

こたえ：

▶こたえはつぎのページ！

　コユキさんの　たべた　キャンディの　かずを　もとめる　もんだいですね。こんどは　もとめることが　できますよ。

　この　もんだいの　ポイントは、「3人の　キャンディの　かずは　みんな　おなじに　なりました」という　ところです。コユキさんの　キャンディの　かずが　わからなくても、ほかの　人の　キャンディの　かずを　しらべれば、コユキさんの　もっている　キャンディの　かずも　わかることに　なります。

　アオイさんを　みてみましょう。アオイさんは　はじめ　10こ　もっていました。そこから　1こ　コユキさんに　あげましたから

　　　　　　10−1＝9　　アオイさんは　9こ　もっていることに　なります。

　ねんの　ために、ハナさんの　かずも　みてみましょう。

　ハナさんは　はじめ　12こ　もっていました。そこから　3こ　コユキさんに　あげましたから

　　　　　　12−3＝9　　ハナさんも　9こ　もっていることに　なります。

　これは　もんだいぶんの　「3人の　キャンディの　かずは　みんな　おなじに　なりました」に　あっていますね。

　つまり、アオイさんも　9こ、ハナさんも　9こで、コユキさんも　9こに　なります。

　コユキさんは　なんこ　もらったでしょうか。

　コユキさんは、アオイさんから　1こ、ハナさんから　3こ　もらいました。

　　　　　1＋3＝4　　コユキさんは　ぜんぶで　4こ　もらいましたね。

　せいりすると、コユキさんは　さいしょ　7こ　もっていました。そのうち　なんこか　たべました。そして　2人から　4こ　もらいました。そして　いま　9こ　もっています。ですから

　　　　　9−4＝5こ　……2人からもらうまえ

　　　　　7−5＝2こ

　　　　　こたえ：2こ　たべた

....

[おうちの方へ]

....

　問題を解くための、どこに注目すべきかのポイントは、すぐには分からないものです。1人ひとりを全部整理して考えることも必要ですが、「全員が同じ数になった」という点に注目するよう、ヒントを与えていただいて結構です。

　お子さん1人の力で解ければそれが最善ですが、何が何でも自分で考えさせるというより、適宜ヒントをあげていただくのもよいことです。

もんだい 8

アカリさんは　6さつの　本を　もっています。「しらゆきひめ」が82ページ、「ハイジ」が95ページ、「むかしばなし」が31ページ、「シンデレラ」が55ページ、「あかずきん」が27ページ、「ピノキオ」が74ページです。「むかしばなし」は　19ページよんだところで、いもうとに　あげました。「ハイジ」は　とても　おもしろかったので　2かい　よみました。「ピノキオ」は　ぜんぶ　よんだあと、おにいさんの　もっていた　「イソップものがたり」と　こうかんしました。「イソップものがたり」は　63ページ　ありました。「しらゆきひめ」は　3ねんまえに　きんじょの　おねえさんから　もらったものです。アカリさんは　5か月　かかって、もっている本の、はんぶんを　よみおわりました。アカリさんは　いま　ぜんぶでなんさつの　本を　もっていますか。

こたえ：

▶こたえはつぎのページ！

　たずねられていることは、「アカリさんは　いま　ぜんぶで　なんさつの　本を もっていますか」ですね。ですから　もっている　本の　かずを　かぞえます。もっ ている　本の　かずの　やりとりだけ　せいりすると、

❶　さいしょ、６さつ　もっていた。
❷　「むかしばなし」を　いもうとに　あげた。
❸　「ピノキオ」と「イソップものがたり」とを　おにいさんと　こうかんした。
❹　「しらゆきひめ」は　きんじょの　おねえさんに　もらったものだ。

❶❷より：６さつ　もっていて、１さつ　いもうとに　あげましたから、
　　　　　６－１＝５

❸：おにいさんと　１さつずつ　こうかんしても、もっている　かずは　かわりま せん。

❹：「しらゆきひめ」は、もっていた　６さつの　本に　ふくまれています。

　ですから、いま　アカリさんの　もっている　本の　かずは　５さつと　なります。

　　　こたえ：５さつ

[おうちの方へ]

　本の冊数を問われていますので、ページ数や読んだ回数は関係ありません。また、「しら ゆきひめ」はもらったものですが、最初の６冊に含まれていることに注目させてください。

もんだい 9

モモカさんと ヒナタくんは 2人(ふたり)で じゃんけんゲームを しました。「グー」で かつと 1だん、「チョキ」で かつと 2だん、「パー」で かつと 5だん、かいだんを あがることが できます。まけると うごくことが できません。モモカさんは、1かいめは「グー」、2かいめは「チョキ」、3かいめは「グー」、4かいめは「パー」、5かいめも「パー」を だしました。ヒナタくんは、1かいめは「パー」、2かいめも「パー」、3かいめは「チョキ」、4かいめも「チョキ」、5かいめは「グー」を だしました。いま、どちらが なんだん 上(うえ)に いますか。

こたえ：

▶こたえはつぎのページ！

　1かい　1かいの　かちまけを　みて、そして　どちらが　なんだん　あがったかを　せいかくに　みていきましょう。これも　ひょうに　すると　みやすいですね。

		1かいめ	2かいめ	3かいめ	4かいめ	5かいめ
モモカさん	だしたものと かちまけ	グー　×	チョキ　○	グー　○	パー　×	パー　○
	あがれる だんすう	0	2	1	0	5
ヒナタくん	だしたものと かちまけ	パー　○	パー　×	チョキ　×	チョキ　○	グー　×
	あがれる だんすう	5	0	0	2	0

　モモカさんは　2＋1＋5＝8　8だん　あがっています。

　ヒナタくんは　5＋2＝7　7だん　あがっています。

　　　　8－7＝1　モモカさんの　ほうが　1だん　上に　あがって　いますね。

　　　こたえ：モモカさんが　1だん　上

[おうちの方へ]

　勝ったときしか上にあがれないので、まずは勝ち負けを判定する必要があります。次に、では何段あがれるかを考えます。表は、慣れてきてからで結構です。

　たとえばおはじきなどで、1回1回勝ち負けを判断して、コマを進めていただくとよいでしょう。

もんだい 10

クラスで せきがえが ありました。カンタ、コウタ、ケンタ、サオリ、シオリ、カオリの なかよし6人は、下のずのように、うまいぐあいに せきが かたまりました。うるさく ならないように、だんしどうし じょしどうしが となりあわせに ならないように、せんせいは せきを きめました。

こくばん

ア	イ	ウ
エ	オ	カ

　シオリの ひだりは カンタです。サオリの まえは ケンタです。カンタの うしろは カオリです。さて、コウタは ア～カの どこの せきに なりましたか。

こたえ：

▶こたえはつぎのページ！

1つずつ かんがえていきましょう。

❶ 「シオリの ひだりは カンタ」
[カンタ] [シオリ] です。

❷ 「サオリの まえは ケンタ」
[ケンタ]
[サオリ] です。

❸ 「カンタの うしろは カオリ」
[カンタ]
[カオリ] です。

❹ ❶と❸から
[カンタ] [シオリ]
[カオリ]
とわかります。

❺ ❷と❹から
[カンタ] [シオリ] [ケンタ]
[カオリ]   [サオリ]
か

[ケンタ] [カンタ] [シオリ]
[サオリ] [カオリ]
かの どちらかに なりますが、

❻ 「だんしどうし じょしどうし
が となりあわせに ならない」
と ありましたから、
[カンタ] [シオリ] [ケンタ]
[カオリ]   [サオリ]
が 正(ただ)しいことに なります。

のこった せきが コウタの せき
ですから、
こたえ：オ

[おうちの方へ]

　図を描いて、可能性を考えていきます。具体的な絵を、頭に思い浮かべられることが大
切ですが、その補助として図を描くのはたいへん重要です。

✏️ ちゅうきゅうへん

もんだい 1

タナカくんは ヤマダくんより 30えん おおく もっています。カトウさんは 110えん もっています。スズキくんは タナカくんより 40えん おおく もっています。ヤマダくんと スズキくんの もっている おかねの さは なんえんですか。

こたえ：

▶こたえはつぎのページ！

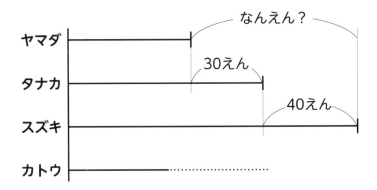

しき　：30 ＋ 40 ＝ 70

こたえ：<u>70 えん</u>

カトウさんは、かんがえる　ひつようが　ありません。

....

[おうちの方へ]

....

　最初は、実際にお金を並べる（本物のお金でなくてもかまいません）など、具体的に考えるよう、手助けをしていただくとよいでしょう。理解できていれば、それを図に描いて解いても、式で解いても、どんな解き方でも正解です。

「カトウさん」が関係ないことに気づくのが、1つのポイントです。

もんだい 2

おはじきを、ヨシダさんは サトウさんより 2こ おおく もっています。サトウさんは タカハシさんより 5こ おおく もっています。タカハシさんは ナカムラさんより 3こ すくなく もっています。ヨシダさんは タカハシさんより なんこ おおく もっていますか。

こたえ：

▶こたえはつぎのページ！

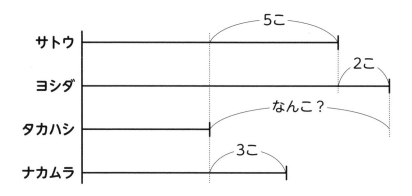

　　しき　：５＋２＝７

　　こたえ：<u>７こ</u>

ナカムラさんは　かんがえる　ひつようが　ありません。

[おうちの方へ]

　これも、「ナカムラさん」は、考える必要がありません。

　[もんだい❶]と比べて、問題文の要素の出題順序が少し難しくなっています。

もんだい 3

いま、ワタナベさんは イトウさんより 30えん おおく もっています。イトウさんは ヤマモトさんより 70えん すくなく もっています。ヤマモトさんは いま 130えん もっています。ワタナベさんは 10日(とおか)まえに ちょうど 100えん もっていました。イトウさんは 3日(みっか)まえより 20えん すくなく なりました。ヤマモトさんは 12日(にち)ごに 100えん つかう よていです。ワタナベさんは いま、なんえん もっていますか。

こたえ：

▶こたえはつぎのページ！

「ワタナベさんは　いま、なんえん　もっていますか」ですから、「ヤマモトさんは　12日ごに　100えん　つかう　よてい」は　まったく　かんけいが　ありません。

　また、「ワタナベさんは　10日まえに　ちょうど　100えん　もっていました」も「イトウさんは　3日まえより　20えん　すくなく　なりました」も、ばあいによっては　かんけいないかも　しれません。ここは、ぶんしょうの　どっかいりょくです。

「ワタナベさんは　イトウさんより　30えん　おおく　もっています。イトウさんは　ヤマモトさんより　70えん　すくなく　もっています。ヤマモトさんは　いま　130えん　もっています」は　げんざいの　じじつですから、ここは　ずに　あらわすと　よく　わかります。

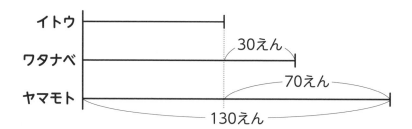

　ここまで　かくと　こたえが　みえてきますから、「××日まえ」の　すうじも　ひつようないことが　わかります。

　　　しき　：130－70＝60　　60＋30＝90
　　　こたえ：90えん

- -
[おうちの方へ]
- -

　[もんだい❶][もんだい❷] と同様、実際にお金を並べて考えるなど、具体的な方法について手助けをしてあげてください。

もんだい
4

コトリさんは　ミソラさんより　9本、チサトさんより　5本、えんぴつを　おおく　もっていました。そこで　コトリさんは、ミソラさんに　2本、チサトさんに　1本　あげました。すると　コトリさんの　もっている　本すうは　14本に　なりました。いま、ミソラさんは　えんぴつを　なん本　もっていますか。

こたえ：

▶こたえはつぎのページ！

　まず 「コトリさんは ミソラさん
より 9本、チサトさんより 5本、
えんぴつを おおく もっていまし
た」を せいりしましょう。

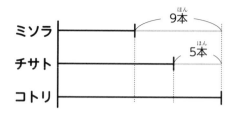

「コトリさんは、ミソラさんに 2本、
チサトさんに 1本 あげ」ると、コ
トリさんは 3本 へります。また、
ミソラさんは 2本 ふえ、チサトさ
んは 1本 ふえます。

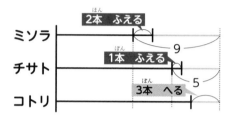

「すると コトリさんの もっている
本すうは 14本」

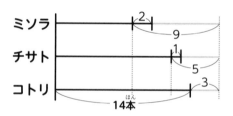

　　　しき ：14＋3＝17　17－9＝8　8＋2＝10
　　　こたえ：<u>10本</u>

　チサトさんは かんがえなくても とけましたね。

[おうちの方へ]

「あげる・もらう」の問題（やりとり算）は、あげた人・もらった人の、どちらも同じ数
だけ変化していることがポイントです。「2本あげる」と、あげた人は2本減り、もらっ
た人は2本増えますから、両者の差は4本変化します。

もんだい 5

ユウトくんと コウキくんと ヒナタくんは、さいしょ おなじかずの バトルカードを もっていました。ユウトくんは コウキくんに 5まい あげました。ヒナタくんは コウキくんに 3まい あげました。ユウトくんは ヒナタくんと 7まい こうかんしました。そうすると、コウキくんは 25まいに なりました。ユウトくんは いま なんまい もっていますか。

こたえ：

▶こたえはつぎのページ！

「7まい　こうかんしました」では　2人（ふたり）の　まいすうの　へんかは　ないので、かんがえる　ひつようは　ありません。

「ユウトくんは　コウキくんに　5まい　あげました」

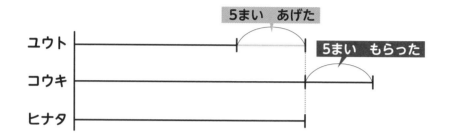

「ヒナタくんは　コウキくんに　3まい　あげました」
「コウキくんは　25まいに　なりました」

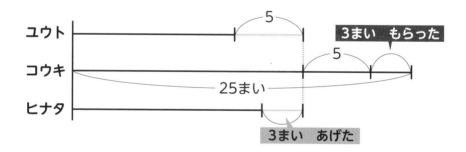

しき　：25－3－5－5＝12

こたえ：12まい

ヒナタくんの　ずは　なくても　とけます。

もんだい 6

カオリさんと サオリさんと シオリさんは、3人あわせて 35さつの 本を もっています。カオリさんは シオリさんに 6さつ かしてあげました。サオリさんは シオリさんに 4さつ もらいました。サオリさんは カオリさんに 2さつ かしてあげようと おもいましたが、それは やめて 1さつだけ あげました。いま 3人は あわせて なんさつの 本を もっていますか。

こたえ：

▶こたえはつぎのページ！

「かして」も 「あげて」も、ぜんいんの 本の ごうけいの かずは かわりません。

こたえ：<u>35 さつ</u>

[おうちの方へ]

　問題文を最後まで読んで、まずは「何が問われているか」を正確にとらえなければなりません。問題文を読みながら整理をしはじめると、不要な作業や遠回りの解き方をしたりします。

　算数の文章題にかぎらず、どの科目でも「まずはきちんと読む」ことは、非常に重要です。特に国語は、問題の文章と設問をきちんと最後まで読んでから解きはじめることが必須条件です。進学塾などで「問題の文章を読みながら解きなさい」という指示をされることがあるようですが、それは大変悪い解き方で、算数の文章題を含むすべての科目に悪い影響を与えます。

もんだい 7

けしごむを カンタくんは 8こ もっています。いま、コウタくんは 6こ ケンタくんに あげました。ケンタくんは コウタくんから もらったぶんを あわせて、ぜんたいの はんぶんだけ カンタくんに あげました。カンタくんは 1こ なくしてしまいました。いま、カンタくんは なんこ の けしごむを もっていますか。

こたえ：

▶こたえはつぎのページ！

　カンタくんは　ケンタくんから　けしごむを　いくつか　もらいました
が、ケンタくんが　もともと　なんこ　もっていたか　わからないので、
ケンタくんが　カンタくんに　あげた　こすうも　わかりません。したが
って、カンタくんの　いまの　こすうも　わかりません。

　　　こたえ：<u>わからない</u>

　べつの　かんがえかた：ケンタくんは　すくなくとも　6こは　もって
います。その　はんぶんを　カンタくんに　あげたから、カンタくんは
ケンタくんから　3こ　いじょうは　もらっています。

　　　しき　：8＋3－1＝10
　　　こたえ：<u>10こ　いじょう</u>

[おうちの方へ]

　問題の内容を整理して、「これがわからないと解けない」という大切な数字がないこと
に気がついたでしょうか。問題文を読みながらそれがわかれば、非常に高度な読解力があ
るということになります。

もんだい 8

いま、こうえんに はなが なん本か さいています。あかい はなの かずは あおい はなの 2ばいでした。きいろい はなは しろい はなより 5本 おおく さいていました。きいろい はなは あかい はなより おおく さいていて、その ちがいは 9本でした。いま、あおい はなは 3本 さいていました。きいろい はなは きのう 4本 さいたそうです。しろい はなは いま なん本 さいていますか。

こたえ：

▶こたえはつぎのページ！

もんだいの ぶんしょうに かかれている じゅんばんではなく、ときやすい じゅんばんで せいりすると、らくに とけるように なります。

「あかい はなの かずは あおい はなの 2ばい」

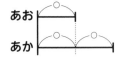

　つぎに 「きいろい はなは あかい はなより おおく さいていて、その ちがいは 9本」を さきに せいりしましょう。

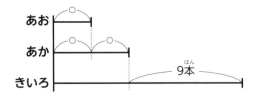

　そして「きいろい はなは しろい はなより 5本 おおく」を かんがえます。

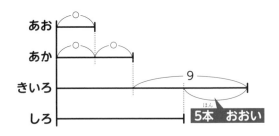

「いま、あおい はなは 3本 さいていました」から

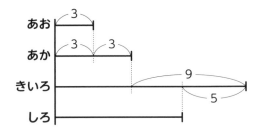

　しき ：3＋3＋9－5＝10
　こたえ：10本

「きいろい はなは きのう 4本 さいたそうです」は かんがえる ひつようが ありませんね。

「いま、あおい はなは 3本 さいていました」を さいしょに かんがえるのも よい かんがえかたです。

もんだい 9

わたしは 3日まえ 70えん もっていました。つぎの日 30えん つかったら、おかあさんが 50えん くれました。けさ おとうさんも 20えん くれたので、わたしは おかしやさんへ あめだまを かいに いきました。おかしやさんで 100えん わたしたら、おつりが 50えんでした。あめは 60えんだったのに どうして おつりを 50えん くれたのか、おみせの おねえさんに きくと、10えんは おまけですよと いわれました。いえに かえって その はなしを すると、おかあさんは 「とくして よかったね」と いってくれました。あしたは おこづかい日で、200えん もらえます。わたしは 10えんは おもわず とくしたので、その 10えんは あした おこづかいを もらったあと、いもうとに あげようと おもいます。さて、わたしは いま なんえん もっていますか。

こたえ：

▶ こたえはつぎのページ！

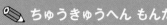

　これも 「いま」が たいせつです。「あしたは　おこづかい日で、200
えん　もらえます」と 「10えんは　あした　おこづかいを　もらったあ
と、いもうとに　あげよう」は　かんがえる　ひつようは　ありません。

　　　しき　：100－50＝50　……あめの　ねだん
　　　　　　　70－30＋50＋20－50＝60
　　こたえ：60えん

もんだい 10

1000えん はらうと 580えんの おつりが くる ふでばこが ほしかったのですが、たかくて もったいないので、500えん はらうと 270えんの おつりが くる やすいほうの ふでばこを、ぼくは かうことに きめました。それでも ぼくの もっている おかねでは たりないので、おとうさんに おねだりを したら、おとうさんは「50えん あげよう」と いって くれました。でも、それでは ぜんぜん たりないと いうと、あと 50えん くれました。それでも まだ たりないので、こんどは おかあさんに おねだりすると、おかあさんも 50えん くれましたが、もし おかねが あまったら、それは おとうとに あげなさいと いわれました。ぼくは ふでばこを かうことが でき、おかあさんとの やくそくどおり、おとうとに 40えん あげました。さて、ぼくは さいしょ なんえん もっていましたか。

こたえ：

▶こたえはつぎのページ！

たかい　ふでばこについて　かんがえる　ひつような　ありません。

しき　：500 － 270 ＝ 230　　……ふでばこの　ねだん

　　　40えん　あまったから

　　　230 ＋ 40 ＝ 270　　……ふでばこを　かうまえに　ぼく

　　　　　　　　　　　　　　　が　もっていた　おかね

　　　50 ＋ 50 ＋ 50 ＝ 150　……おとうさんと　おかあさんに

　　　　　　　　　　　　　　　もらった　きんがく

　　　270 － 150 ＝ 120

こたえ：<u>120えん</u>

[おうちの方へ]

「ぼく」が最初もっていた金額を「□円」として

　　　　□ ＋ 50 ＋ 50 ＋ 50 － 230 ＝ 40

　　　　□ ＝ 40 ＋ 230 － 50 － 50 － 50

　　　　□ ＝ 120

と考えるのもよい方法です。

　方程式に近い解き方になりますが、逆算を知っている場合、この方法でも解けることを教えてあげてください。

✎ れいだい 1

チナミさんは　3人かぞくです。チナミさんは　ごぜん7じに　おきて　ごご8じに　ねます。おかあさんは　ごぜん6じに　おきて　ごご11じに　ねます。おとうさんも　ごぜん6じに　おきますが　よるは　なんじに　ねるかは　わかりません。でも、おかあさんよりは　おそく　ねるそうです。いまは　8月9日の　ごご10じです。チナミさんの　かぞくは　なん人　おきていますか。

✎ れいだい 1 のかいせつ

　チナミさんは　ごご8じに　ねます。おかあさんは　ごご11じに　ねます。おとうさんは　おかあさんより　おそく　ねます。ですから　ごご10じに　おきているのは　おかあさんと　おとうさんの　2人ですね。

　こういう　もんだいは、ずに　あらわすと　よく　わかります。3人の　おきていた　じかんを　せんぶんずで　あらわすと、

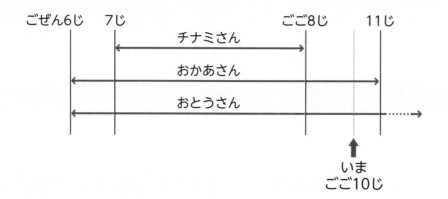

のように　なります。こうすると　いま　なん人（にん）　おきているか、すぐ
に　わかりますね。
　　かんたんな　もんだいも、ずに　かいて　とく　れんしゅうを　してお
きましょう。

　　　こたえ：<u>2人（ふたり）</u>

10人の 子どもが 1れつに ならんでいます。ぼくは まえ
から 2ばんめです。アキトくんは ぼくの 5人うしろです。
ハルトくんは ナツトくんの 6人まえです。ナツトくんは い
ちばんうしろです。ハルトくんと アキトくんの あいだには
なん人の 子どもが ならんでいますか。

「5人うしろ」のいみ

まえ … ● ① ② ③ ④ ⑤ … うしろ

✏️ **れいだい 2 のかいせつ**

　これも ずに かくと、かんたんな もんだいです。ずに かいて
とく れんしゅうを しておきましょう。10人の 子どもを 1れつに
ならべた ずを かいてみましょう。

　10人を まえから かぞえた じゅんばんの すうじで ずに しま

した。

まえ ① ② ③ ④ ⑤ ⑥ ⑦ ⑧ ⑨ ⑩ うしろ

「ぼくは　まえから　2ばんめ」ですから、

まえ ① ② ③ ④ ⑤ ⑥ ⑦ ⑧ ⑨ ⑩ うしろ
　　　↑
　　　ぼ
　　　く

「アキトくんは　ぼくの　5人うしろ」ですから、

まえ ① ② ③ ④ ⑤ ⑥ ⑦ ⑧ ⑨ ⑩ うしろ
　　　↑　　　　　　↑
　　　ぼ　　　　　　ア
　　　く　　　　　　キ
　　　　　　　　　　ト

　つぎに、「ハルトくんは　ナツトくんの　6人まえ」と　ありますが、「ナツトくん」の　いちが　まだ　わかっていないので、あとで　かんがえることに　しましょう。

「ナツトくんは　いちばんうしろ」ですから

まえ ①　②　③　④　⑤　⑥　⑦　⑧　⑨　⑩　うしろ
　　　　↑　　　　　　　　↑　　　　　↑
　　　　ぼく　　　　　　　アキト　　　ナット

　そして、ハルトくんの　いちを　かんがえましょう。「ハルトくんは
ナットくんの　6人まえ」ですから

まえ ①　②　③　④　⑤　⑥　⑦　⑧　⑨　⑩　うしろ
　　　　↑　　　↑　　　　　↑　　　　　↑
　　　　ぼく　　ハルト　　　アキト　　　ナット

　これで、4人の　ならんでいる　いちが　わかりましたね。たずねられ
ているのは　「ハルトくんと　アキトくんの　あいだには　なん人の　子
どもが　ならんでいますか」ですから

まえ ①　②　③　④　⑤　⑥　⑦　⑧　⑨　⑩　うしろ
　　　　↑　　　↑　　└─2人─┘　↑　　　　↑
　　　　ぼく　　ハルト　　　アキト　　　ナット

　　こたえ：2人

ここから
じょうきゅうへん!
がんばるぞ

じょうきゅうへん

もんだい 1

ここは こうじょうで、一日中(いちにちじゅう) よなかも きかいを うごかさなければ なりません。そのため はたらく人(ひと)は こうたいで しごとを します。こん月(げつ)は、7人(にん)の はたらく じかんは つぎの とおりです。

Aさん：ごぜん0じ〜ごぜん5じ （きゅうけい） ごぜん6じ〜ごぜん11じ

Bさん：ごご4じから5じかん （きゅうけい） ごご10じから5じかん

Cさん：ごぜん8じ〜ごご1じ （きゅうけい） ごご2じから5じかん

Dさん：ごぜん1じから5じかん 2じかんきゅうけいのあと ごご0じまで

Eさん：ごぜん4じ〜ごぜん8じ （きゅうけい） ごぜん10じ〜ごご3じ

Fさん：ごご7じ〜ごぜん0じ 2じかんきゅうけいのあと ごぜん7じまで

Gさん：ごご0じ〜ごご11じ （とちゅう ごご4じから 2じかん きゅうけい）

① ごご8じには なん人(にん)の 人(ひと)が はたらいていますか。

② もっとも おおくの 人(ひと)が はたらいているとき、その 人ずうは なん人(にん)ですか。

③ もっとも すくない 人(ひと)が はたらいているとき、その 人ずうは なん人(にん)ですか。

こたえ： ①   ②   ③

▶こたえはつぎのページ！

　Aさん〜Gさんまで、はたらいている　じかんを　ずに　あらわして、かんがえましょう。こうすると　いちもくりょうぜんです。

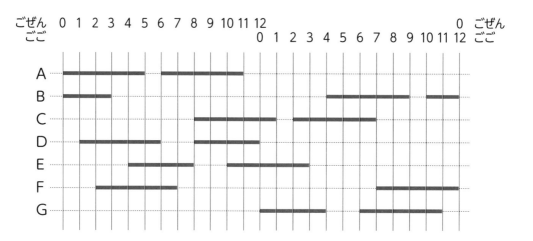

①のこたえ：3人

②のこたえ：4人

③のこたえ：2人

［ おうちの方へ ］

　図を描くというヒントをあげてください。問題自体はまったく難しくありません。きちんと整理できるか、「作業性」の力を見る問題です。

もんだい 2

10人の 子どもが 1れつに ならんでいます。ミミカさんは ナナカさんの 3人うしろです。ナナカさんは モモカさんの 5人うしろです。わたしの 2人まえが モモカさんです。ミミカさんは うしろから 2人めです。

① わたしは まえから なん人めですか。

② モモカさんと ミミカさんの あいだには、なん人の 子どもが ならんでいますか。

こたえ：①　　　　　　　　　②

▶こたえはつぎのページ！

1つずつ　せいりしていきましょう。

❶「ミミカさんは　ナナカさんの　3人うしろ」

　　　まえ … ㋤ ◯ ◯ ㋯ … うしろ

❷「ナナカさんは　モモカさんの　5人うしろ」

　　　まえ … ㋲ ◯ ◯ ◯ ◯ ㋤ … うしろ

❸「わたしの　2人まえが　モモカさん」

　　　まえ … ㋲ ◯ ㋻ … うしろ

❹「ミミカさんは　うしろから　2人め」

　　　まえ … ㋯ ◯　うしろ

❶から　❹までを　うまく　くみあわせましょう。「ミミカさん」の　いちが　けっていしています（うしろから　2人め）ので、そこから　くみあわせると　わかりやすいと　おもいます。

　　　まえ ㋲ ◯ ㋻ ◯ ◯ ㋤ ◯ ◯ ㋯ ◯ うしろ

ぜんぶ　くみあわせると　ちょうど　10人に　なりました。

　　①のこたえ：3人め
　　②のこたえ：7人

[おうちの方へ]

わかっているところからうまく図にするという手順を、教えてあげてください。

64

もんだい 3	キャンディが ぜんぶで 22こ あります。それを、ハルカさん、ミギワさん、サナミさんの 3人[にん]で わけました。ミギワさんは ハルカさんより 2こ おおく、ハルカさんは サナミさんより 1こ おおく もらいました。それぞれ なんこずつ もらいましたか。

こたえ：ハルカ　　　　　ミギワ　　　　　　サナミ

▶こたえはつぎのページ！

ぜんぶの キャンディの かずが わ
かっていますから、3人 それぞれ な
んこずつに わけたか、ぜんぶから も
どっていくように かんがえます。

　てもとに おはじきか なにかを ぜ
んぶで 22こ よういして、それを
うまく わけて かんがえるのも よい
でしょう。また、せんぶんずが かける
と、もっと はやく わかります。

　もんだいの じょうけんの なかで、
どれを さいしょに かんがえると わ
かりやすいか、じっくりと もんだいぶ
んを よんで かんがえましょう。この
もんだいでは、

❶ 「キャンディが ぜんぶで 22こ」

❷ 「ミギワさんは ハルカさんより
　　　2こ おおく」

❸ 「ハルカさんは サナミさんより
　　　1こ おおく」

　の 3つの じょうけんの うちの、
❸から ずに すると わかりやすいで
しょう。

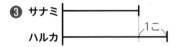

❶の じょうけんを くわえ、せいり
すると

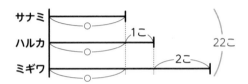

ここから かんがえていきましょう。

$22 - 2 - 1 - 1 = 18$ ……3つ

……1つ＝6 ……サナミ

$6 + 1 = 7$ ……ハルカ

$7 + 2 = 9$ ……ミギワ

こたえ：ハルカ：7こ　ミギワ：9こ
　　　　サナミ：6こ

[おうちの方へ]

　まずはおはじきなどで、実際に「ああでもない、こうでもない」とやりとりして考える
ことから始めていただくのが、伸びるための基本です。問題の条件のうち、どれを先に考
えると解きやすいかが、この「どっかい算」で学んでいただきたい重要なポイントです。

　線分図は、あくまでも具体的な数値を、抽象的な「線」に置き換えられるようになって
から、分かるようになります。線分図は、途中まで保護者の方が描いていただいて、お子
さんにはそこに数字を書き入れさせる、という方法でもよいでしょう。

もんだい 4

どうぶつが　なんびきか　1れつに　ならんでいます。タヌキは　ネコの　すぐまえです。トラの　8ぴきうしろに　サルが　います。イヌの　4ひきまえに　シマウマが　います。ネコの　4ひきまえが　トラで、2ひきうしろが　ライオンです。ウサギの　まえには　2ひき、うしろには　6ぴき　ならんでいます。キリンだけは　れつに　ならばず、ながい　くびを　のばして、とおくから　ながめていました。さて、ゾウは　まえから　なんばんめに　ならんでいますか。

こたえ：

▶こたえはつぎのページ！

[もんだい❷]と　おなじように、じっさいに　おはじきなどを　ならべるか、ず
に　かくか　して、かんがえましょう。「キリン」を　かんがえる　ひつようが　な
いのは、もう　わかりますね。

❶ 「タヌキは　ネコの　すぐまえ」

❷ 「トラの　8ぴきうしろに　サル」

❸ 「イヌの　4ひきまえに　シマウマ」

❹ 「ネコの　4ひきまえが　トラで、2ひきうしろが　ライオン」

❺ 「ウサギの　まえには　2ひき、うしろには　6ぴき　ならんでいます」

　　❶　まえ　…タネ…　うしろ

　　❷　まえ　…ト○○○○○○○サ…　うしろ

　　❸　まえ　…シ○○○イ…　うしろ

　　❹　まえ　…ト○○○ネ○ラ…　うしろ

　　❺　まえ　○○ウ○○○○○　うしろ

　　　　　　　　　　　　　ぜんぶで　9ひきだと　わかります。

❷と❺より

　　　まえ　ト○ウ○○○○○サ　うしろ

❹より

　　　まえ　ト○ウ○ネ○ラ○サ　うしろ

❶より

　　　まえ　ト○ウタネ○ラ○サ　うしろ

❸より

　　　まえ　トシウタネイラ○サ　うしろ

あいているのは　1かしょしか　ありません。

　　　こたえ：まえから　8ばんめ

もんだい 5

まるい テーブルの まわりに 8人の 子どもが おなじ かんかくで すわっています。

アオキさんの 3人みぎが エガワさんです。オオノさんの しょうめんが カワカミさんです。キクチさんは アオキさんの しょうめんでは ありません。クシモトさんと アオキさんは となりでは ありません。カワカミさんの 2人ひだりが エガワさん です。ウメムラさんと クシモトさんは となりどうしです。キクチさんの しょうめんに すわっているのは だれですか。

こたえ：

▶こたえはつぎのページ！

これも、じっさいに　ずに　かいてみましょう。もんだいぶんの　どの　じょうけんから　かんがえると　ときやすいか、じっくり　かんがえてみましょう。

❶　アオキさんの　3人みぎが　エガワさん

❷　オオノさんの　しょうめんが　カワカミさん

❸　キクチさんは　アオキさんの　しょうめんでは　ない

❹　クシモトさんと　アオキさんは　となりでは　ない

❺　カワカミさんの　2人ひだりが　エガワさん

❻　ウメムラさんと　クシモトさんは　となりどうし

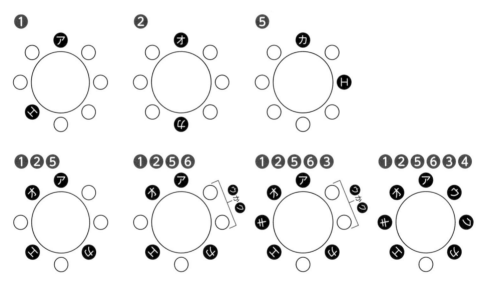

こたえ：クシモトさん

[おうちの方へ]

　頭で想像させるために、まずは円形に並んでいる図を描いていただくのがよいでしょう。もちろん、おはじきなどを並べていただいても結構です。ある程度のヒントは、必要になると思います。左右（右回り、左回り）を逆に考えても、答えは同じになります。

もんだい 6

ちょうれいで、3ねんせいが、下の ずのように うんどうじょうに せいれつしました。ソウスケくんの ひだりには 3人、みぎには 5人 ならんでいました。また、うしろには 17人 ならんでいました。ユウカさんのまえには 14人、うしろには 7人 ならんでいました。エマさんはソウスケくんより みぎで ユウカさんより ひだりに ならんでいます。ヒロトくんは ソウスケくんの 3れつ みぎに、ユウカさんの 9れつまえに います。ヒロトくんと エマさんは となりどうしです。ヒロトくんは まえから なんれつめ、みぎから なんれつめの ところに いますか。

ちょうれいだい

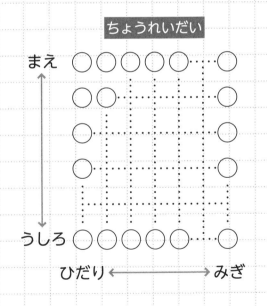

こたえ：

▶こたえはつぎのページ！

こたえ：<u>まえから　6れつめ、みぎから　3れつめ。</u>

[おうちの方へ]

　[もんだい❷][もんだい❹] と同類で、さらに縦横それぞれ考えるものです。解き方の基本は変わりません。

もんだい 7

ハルくんは、まいあさ　7じ30ぷんに　いえを　でて、8じ10ぷんに　がっこうに　つきます。シュウくんは　いえから　がっこうまで　ハルくんより　10ぷん　おおく　かかって、8じ15ふんに　つきます。ミナモさんは　まいあさ　8じ20ぷんに　いえを　でますが、きょうは　ねぼうして　いつもより　15ふん　おそく　いえを　でました。ミナモさんの　いえから　がっこうまで　あるく　じかんは、シュウくんより　12ふん　すくないです。きょう　ミナモさんは　がっこうに　なんじなんぷんに　つきましたか。

こたえ：

▶こたえはつぎのページ！

❶ハルくん　　：[いえ]　7じ30ぷん……[がっこう]　8じ10ぷん

❷シュウくん：[いえ]　　　？　　……[がっこう]　8じ15ふん

　　　　　　　　　　ハルくんより　10ぷん　おおく　かかる

❸ミナモさん：きょうは　ねぼうして　いつもより　15ふん　おそく

　　いえを　でました。

　　　　　　　　いつも [いえ] 8じ20ぷん……[がっこう]　？

　　　　　　　　　　　　　　　↓

　　　　　　　　きょう [いえ] 8じ35ふん……[がっこう]　？

　　　　　　　　シュウくんより　12ふん　すくない

ハルくんは　　8じ10ぷん－7じ30ぷん＝40ぷん　かかる

シュウくんは　40ぷん＋10ぷん＝50ぷん　かかる

ミナモさんは　50ぷん－12ふん＝38ぷん　かかる

　　　　　　　8じ35ふん＋38ぷん＝9じ13ぷん

　　こたえ：9じ13ぷん

もんだい 8

がっこうの こうていを、ミナトくんは 1しゅう 13びょうで はしります。ユイトくんは 3しゅうを 54びょうで はしります。ミナトくんと ユイトくんと メイさんが、3人で リレーを しました。1ばんに ミナトくんが 3しゅう はしりました。つづいて、ユイトくんが 2しゅう はしる つもりでしたが、とちゅうで ころんだので 1しゅうだけに しました。また いつもより 4びょう おおく かかりました。3ばんめに メイさんが 2しゅう はしりました。メイさんは 5しゅう はしると 70びょう かかります。3人は ぜんぶで なんしゅう はしりましたか。また ぜんぶで なんびょう かかりましたか。3人とも はしりだしてから はしりおわるまで、おなじ はやさで はしるものと します。

こたえ：

▶こたえはつぎのページ！

ミナトくんの　3しゅうぶんは、39びょう。

ユイトくんの　1しゅうぶんは、18＋4＝22びょう。

メイさんの　2しゅうぶんは、28びょう。

3＋1＋2＝6　……ぜんいんで　はしった　しゅうすう

39＋22＋28＝89　……ぜんいんで　はしった　びょうすう

こたえ：6しゅう、89びょう

....

[おうちの方へ]
....

　かけ算・わり算をまだ学校で習っていない場合は、線分図を描いてご指導ください。

もんだい 9

A、B、C、Dの　4つの　おもりが　あります。Aは
Bより　15g　かるく、Dは　Cより　5g　おもいです。
また　Cは　Bより　20g　おもく、85gです。A、B、
C、Dは　それぞれ　なんgですか。

こたえ：A　　　　　B　　　　C　　　　D

▶こたえはつぎのページ！

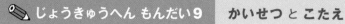

❶　Aは　Bより　15g　かるい。

❷　Dは　Cより　5g　おもい。

❸　Cは　Bより　20g　おもく、85g。

❸より　C＝85g　85－20＝65　B＝65g

❶より　65－15＝50　A＝50g

❷より　85＋5＝90　D＝90g

　　こたえ：A：50g　B：65g　C：85g　D：90g

[おうちの方へ]

「××より○○g重い（軽い）」が正しく読み取れたでしょうか。きちんと読解ができれば、
たいへんやさしい問題です。

もんだい 10

A、B、Cの　3つの　おもりが　あります。それらについて、つぎのことが　わかっています。

①Aは　Bより　かるい。

②Bは　Cより　おもい。

③Cは　いちばん　かるいのではない。

A、B、Cを　かるい　じゅんばんに　かきなさい。

こたえ：

▶こたえはつぎのページ！

こたえ：（かるい）Ａ－Ｃ－Ｂ（おもい）

［ おうちの方へ ］

「××は○○より重い（軽い）」が正しく読み取れたでしょうか。たとえば、「軽い」「重い」を左右にして、おはじきなどを並べるとわかりやすいでしょう。

❶AはBよりかるい。

   軽い －Ａ－Ｂ－ 重い

❷BはCよりおもい。

   軽い －Ｃ－Ｂ－ 重い

❸Cはいちばんかるいのではない

➡Cより軽いものがある

   軽い ○－Ｃ－ 重い

結果、

   軽い Ａ－Ｃ－Ｂ 重い

となります。

また、表で解く方法もあります。

❶AはBよりかるい ➡ Aは一番重いのではない・Bは一番軽いのではない

	軽い	中	重い
A			×
B	×		
C			

❷BはCよりおもい ➡ Cは一番重いのではない・Bは一番軽いのではない

	軽い	中	重い
A			×
B	×		
C			×

➡ 一番重いのはAでもCでもない

	軽い	中	重い
A			×
B	×	×	○
C			×

❸Cはいちばんかるいのではない

	軽い	中	重い
A			×
B	×	×	○
C	×		×

よって、Cは真ん中で決定です。Aも決定です。

	軽い	中	重い
A	○	×	×
B	×	×	○
C	×	○	×

✏️ てんさいへん

もんだい 1

リクくんと ハルキくんが じゃんけんゲームを しました。グーで かつと 1だん、チョキで かつと 2だん、パーで かつと 5だん かいだんを あがることが できます。1かいめ、リクくんは グー でした。2かいめは リクくんは パーでした。リクくんは 2かい つづけて まけたので、ハルキくんは だいぶ まえに います。3かいめは、どうしても まけられません。3かいめ、リクくんは グーで かちました。5かいめに パーで まけた リクくんは、6かいめ、ぎゃくてんで ハルキくんを ぬきました。さて 6かいめ、リクくんは なにを だしましたか。あいこは ありませんでした。

こたえ：

▶こたえはつぎのページ！

こたえ：<u>パー</u>

[おうちの方へ]

表にまとめて考えるようにご指導ください。

まず、問題文に書かれている内容だけ、表にまとめます。

	かいすう	1	2	3	4	5	6	ごうけい
リク	だしたものと かちまけ	グー ×	パー ×	グー ○		パー ×	? ○	
	あがれるだんすう	0	0	1		0		1
ハルキ	だしたものと かちまけ							
	あがれるだんすう							

　問題文には「リクくん」のことしか書かれていませんが、「リクくん」から「ハルキくん」も分かります。

	かいすう	1	2	3	4	5	6	ごうけい
リク	だしたものと かちまけ	グー ×	パー ×	グー ○		パー ×	? ○	
	あがれるだんすう	0	0	1		0		1
ハルキ	だしたものと かちまけ	パー ○	チョキ ○	チョキ ×		チョキ ○	? ×	
	あがれるだんすう	5	2	0		2	0	9

　4回目の結果は書かれていませんでしたが、この時点で、「ハルキくん」の方が8段多く前に行っています。「リクくん」が6回目で「ハルキくん」を抜くためには、4回目と6回目合わせて、9段以上勝つ必要があります（8段だと、同じ場所になります）。
　4回目と6回目との2回で9段以上進むには、「グー・1段」「チョキ・2段」「パー・5段」の組み合わせのうち、「パー・5段」で2回勝つしか、方法はありません。

もんだい 2

サナさんは　6月7日うまれで、らいしゅう　8さいに
なります。ミオさんは　いま　9さいで、たんじょう日は
10日まえでした。ユイさんは　11日まえに　12さいで、
となりの　いえの　おねえさんとは　13さい　はなれて
います。さて　きょう、サナさんと　ミオさんと　ユイさんの　3人の
ねんれいを　あわせると、ぜんぶで　なんさいに　なりますか。

こたえ：

▶こたえはつぎのページ！

こたえ１：わからない

こたえ２：28 さいか　29 さいかの　どちらか

....

[おうちの方へ]

....

「きょう」の「ねんれい」を調べる必要があります。条件を整理しましょう。

❶ 「サナさんは　6月7日うまれで、らいしゅう　8さいに　なります」
　　➡サナさんは　きょうは　7さい。

❷ 「ミオさんは　いま　9さいで、たんじょう日は　10日まえでした」
　　➡ミオさんは　きょうは　9さい。

❸ 「ユイさんは　11日まえに　12さいで」
　　➡❸-1　ユイさんは、誕生日がいつかわからないので、今何歳かわからない
　　➡❸-2　ユイさんは、11日前に12歳だったから、今日は12歳か13歳かのどちらか。

　　こたえ：(❸-1から) わからない

　　　　　　(❸-2から) 7 + 9 + 12 = 28　あるいは　7 + 9 + 13 = 29

　　　　　　28 さい　または　29 さい

もんだい 3

ハルトくんは しょうがく 3ねんせいです。ハルトくんは けさ 7じに おきると、のびを 5かい しました。そして 7ふんかん かおを あらいましたが、そのうち はを みがいていたのは 3ぷんかんです。アオイくんは しょうがく 2ねんせいです。アオイくんは けさ 6じはんに おきると、あくびを 2かい しました。そして めんどうくさいので かおを あらわずに いました。イツキくんは アオイくんの 1がくねん 上です。イツキくんは けさ 8じに おきると、5ふんかん はみがきを しました。それから あさごはんを 30ぷんかんで たべました。ハルトくんは はを みがいたあと あさごはんに パンを 5まいも たべました。そのあと、となりの おなじ がくねんの ともだちの いえに あそびに いき、そこで 2じかん いっしょに あそびました。イツキくんは あさごはんを たべるまえに、しゅくだいを しようと おもい、12ふん かけて よういを しました。でも、きょうが にちよう日ということを おもいだして、しゅくだいは よるの 7じから しようと おもいました。アオイくんは あさごはんの あと 10じに ともだちが あそびに きたので、それから おひるの 12じまで 2人で あそびました。ハルトくんは ともだちと あそんだあと、いえに かえって おひるごはんを たべたあと、おとうとと 2じかん ゲームを しました。イツキくんは となりの いえの ともだちと あそんだ あと、やっぱり しゅくだいを してしまおうと、ゆうがたまで 3じかん がんばって しゅくだいを しました。しゅくだいの あとは 本を よみました。本は 25ページ よみました。そのあと、1じかんだけ ゲームを して あそびましたが、つかれたので ばんごはんを たべると、すぐに ねました。アオイくんは きょうは いえから でませんでした。イツキくんも いえから でませんでした。ハルトくんは 1かい あそびに でました。

アオイくんの いえの となりが ハルトくんの いえで、ハルトくんの いえの となりが イツキくんの いえです。ほかには ちかくに しょうがくせいの こどもの いえは ありません。だから 3人は まいにち いっしょに がっこうへ いきます。がっこうまでは ふつう 18ふん かかります。さて きょう、イツキくんは ぜんぶで なんじかん あそびましたか。

こたえ：

▶こたえはつぎのページ！

　　　　　しき　：２＋１＝３
　　　　　こたえ：<u>３じかん</u>

．．．

[おうちの方へ]

．．．

まず、イツキくんの遊んだ時間を読み取るように、条件を整理します。

❶「イツキくんは　アオイくんの　１がくねん　上^{うえ}」
　　➡ しょうがく３ねんせい
❷「イツキくんは　となりの　いえの　ともだちと　あそんだ」
　　➡ ？時間　遊んだ
　　　　➡ 遊んだ友達が誰かを知る必要があります。
❸「そのあと、１じかんだけ　ゲームを　して　あそびました」
　　➡ １時間　遊んだ

続いて、ほかに必要な内容を整理します。

❹「ハルトくんは（略）となりの　おなじ　がくねんの　ともだちの　いえに　あそびに　いき、そこで　２じかん　いっしょに　あそびました」
❺「ハルトくんは　しょうがく３ねんせい」
❻「アオイくんは　しょうがく２ねんせい」
　　➡ ❶❺❻より、ハルトくんと同じ３年生の友達はイツキくんです。さらに❹より、ハルトくんはイツキくんと２時間遊んだことが分かります。

もんだい 4

コハルさんと ツムギさんと サクラさんが、3人で お はじきの やりとりを しました。コハルさんは さいし ょ おはじきを 8こ もっていました。そこで ツムギ さんに あかい おはじきを 2こ あげました。ツムギ さんは 2日まえに、しろい おはじきを 3こ、あおい おはじきを 5こ かいました。だから たくさん あるので、しろい おはじきと、 あかい おはじきと あおい おはじきを それぞれ 1こずつの あわ せて 3こを サクラさんに あげました。サクラさんは このとき じ ぶんの おはじきが ぜんぶで 16こに なったので、そのうち しろ い おはじき 5こを コハルさんに あげました。コハルさんは サク ラさんから 5こ もらうときに、2こ 手から こぼれて コロコロと どこかへ ころがっていきました。1こは みつかりましたが、もう1こ は みつかりませんでした。いま 3人の おはじきの かずを あわせ ると、ぜんぶで 32こでした。サクラさんは さいしょ なんこ もっ ていましたか。

こたえ：

▶こたえはつぎのページ！

しき　：16－3＝13

こたえ：13こ

[おうちの方へ]

「ツムギさんは　2日まえに、しろい　おはじきを　3こ、あおい　おはじきを　5こ
かいました」は、2日前のことで、またそれで全部で何個持っていたかは書いてありませ
ん。考える必要のない部分です。
「サクラさんは　このとき　じぶんの　おはじきが　ぜんぶで　16こに　なった」のは、
重要な着目点です。3個もらって16個になったのです。

もんだい 5

ユウトくんは　9さいです。おとうとが　2人（ふたり）　います。ユウトくんは　あかい　ビーだま　4こと　あおい　ビーだま　3こと　きいろい　ビーだま　6こを　もっています。おとうとの　ソウタくんは　7さいです。ソウタくんは　あかい　ビーだまと　きいろい　ビーだまを　あわせて　10こ　もっています。イツキくんは　いちばん　下（した）の　おとうとで、らいねん　しょうがく1ねんせいに　なります。5さいです。イツキくんは　あかと　あおの　ビーだまを　あわせて　じぶんの　ねんれいの　かずだけ　もっていますが、そのうち　あおの　ビーだまは　ユウトくんの　あおより　おおく、あかの　ビーだまは　ユウトくんの　あかの　はんぶんより　すくなく　もっています。ソウタくんの　きいろい　ビーだまは　おにいちゃんの　おなじ　いろの　ビーだまより　1こ　おおいです。イツキくんは　あかい　ビーだまを　なんこ　もっていますか。

こたえ：

▶こたえはつぎのページ！

こたえ１：<u>１こ</u>

（０も「もっている『かず』」と　かんがえるとすると）

こたえ２：<u>０こか　１この　どちらか</u>

こたえ３：<u>わからない</u>

[おうちの方へ]

　これも、ビーだまのやりとりを、正確に読み取れるかが大切です。一般的な答えは「１個」ですが、数学的に「０個」も「持っている『数』」と考えると、「０個　あるいは　１個」となります。

もんだい 6

なん人かの 子どもが 1れつに ならんでいます。ヒマリさんは まえから 6人めです。ヒマリさんと ユウキくんとの あいだには、1人います。ホノカさんは ユウキくんの 6人うしろに います。ホノカさんと アキトくんとの あいだにも 1人います。ヒマリさんと アキトくんの あいだには 9人 ならんでいます。

① アキトくんは まえから なん人めですか。

② ぜんぶで なん人 ならんでいますか。

こたえ： ① ②

▶こたえはつぎのページ！

①のこたえ：16人め

②のこたえ：わからない

[おうちの方へ]

条件を整理しましょう。

❶「ヒマリさんは　まえから　6人め」
　まえ　○○○○○ヒ…　うしろ

❷「ヒマリさんと　ユウキくんとの　あいだには、1人います」
　A：まえ　○○○○○ヒ○ユ…　うしろ
　あるいは
　B：まえ　○○○ユ○ヒ…　うしろ

❸「ホノカさんは　ユウキくんの　6人うしろに　います」
　A：まえ　○○○○○ヒ○ユ○○○○○ホ…　うしろ
　あるいは
　B：まえ　○○○ユ○ヒ○○○ホ…　うしろ

❹「ホノカさんと　アキトくんとの　あいだにも　1人います」
　A−1：まえ　○○○○○ヒ○ユ○○○ア○ホ…　うしろ
　A−2：まえ　○○○○○ヒ○ユ○○○○○ホ○ア…　うしろ
　あるいは
　B−1：まえ　○○○ユ○ヒ○ア○ホ…
　B−2：まえ　○○○ユ○ヒ○○○ホ○ア…

❺「ヒマリさんと　アキトくんの　あいだには　9人　ならんでいます」
　❹のA−2：まえ　○○○○○ヒ○ユ○○○○○ホ○ア…　うしろ
　が正解の並び順になります。

条件を整理し、1つずつ考えていく手順を教えてあげてください。

もんだい
7

　A、B、C、Dの　4つの　おもりが　あります。Aは　60gです。Bは　60gより　おもいです。Cと　Dの　おもさを　たすと、100gより　おもく　なります。Cは　2ばんめに　おもいです。Dは　40gより　かるいです。ぜんぶの　おもりを　あわせると、300gぐらい　あります。4つの　おもりを　おもい　じゅんばんに　かきなさい。

こたえ：

▶こたえはつぎのページ！

こたえ：（おもい）B－C－A－D（かるい）

表で解く手順を示しておきます。もちろん、実際におはじきなどを並べて、ああでもない、こうでもないと試行錯誤をするのは、たいへんよい学習となります。

❶　Aは60g

	軽い			重い
A 60g				
B 　g				
C 　g				
D 　g				

❷　Bは60gより　おもい　➡Aより重い

➡Aは一番重くない／Bは一番軽くはない

	軽い			重い
A 60g				×
B 60gより上	×			
C 　　g				
D 　　g				

❸　Cと　Dの　おもさを　たすと、100gより　おもく　なります（不要）

❹　Cは　2ばんめに　おもい

➡ほかのものは2番目ではない

➡Cは2番目以外ではない

	軽い			重い
A 60g			×	×
B 60gより上	×		×	
C 　　g	×	×	○	×
D 　　g			×	

❺　Dは　40gより　かるい　➡Dは A・Bより軽い

➡Dは一番重くはない／A・Bは一番軽くはない

	軽い			重い
A 60g	×		×	×
B 60gより上	×		×	
C 　　　g	×	×	○	×
D 40gより下			×	×

↓

	軽い			重い
A 60g	×	○	×	×
B 60gより上	×	×	×	○
C 　　　g	×	×	○	×
D 40gより下	○	×	×	×

もんだい 8

ある クラスが、3つの はんに わかれて、うんどうじょうに ならびました。だんしは ぜんぶで 17人です。1ぱんは 11人です。2はんの じょしは 3人です。ぼうしを かぶっている 人は ぜんぶで 26人で、かぶっていない 人は ぜんぶで 7人でした。かぶっていない 7人の うち、5人は いえに わすれてきた 人で、2人は いま もっていますが かぶっていないだけです。3ぱんの だんしは 6人で、2はんの だんしと おなじ 人ずうです。ながそでの たいそうふくの 人は 12人 いました。さて、3ぱんは ぜんぶで なん人ですか。

こたえ：

▶こたえはつぎのページ！

こたえ：13人

[おうちの方へ]

　まずは、条件を整理しましょう。ここでは不要な条件は省きました。実際はすべての条件を書き出すことが必要で、それをうまく整理して考えます。

❶ 「3つの　はんに　わかれ」
❷ 「1ぱんは　11人」
❸ 「2はんの　じょしは　3人」
❹ 「ぼうしを　かぶっている　人は　ぜんぶで　26人」
❺ 「(ぼうしを) かぶっていない　人は　ぜんぶで　7人」
❻ 「3ぱんの　だんしは　6人で、2はんの　だんしと　おなじ　人ずう」
　➡2班の男子は6人……❼

❹❺より　26 + 7 = 33　……全員の人数……❽
❸❼より　3 + 6 = 9　……2班の人数……❾
❷❾より　11 + 9 = 20　……1班と2班の合計……❿
❽❿より　33 − 20 = 13　……3班の人数

もんだい 9

アオイさんは 9さいです。えんぴつを 11本と けしごむを なんこか もっています。いもうとの イチカさんは えんぴつを 7本、けしごむを 8こ、いろがみを 21まい もっています。2人の おかあさんの ハルコさんは アオイさんと イチカさんの ねんれいを たした かずの 2ばいの ねんれいで、32さいです。おとうさんは タカシさんで、アオイさんの ねんれいと ハルコさんの ねんれいを たした ねんれいです。もし、アオイさんと イチカさんの えんぴつの 本すうの ちがいの はんぶんだけ、イチカさんが アオイさんに けしごむを あげると、2人の けしごむの かずは、おなじに なります。

① イチカさんは なんさいですか。
② いま アオイさんは なんこの けしごむを もっていますか。

こたえ：① 　　　　　　　　②

▶こたえはつぎのページ！

①のこたえ：<u>7さい</u>

②のこたえ：<u>4こ</u>

- - -

[おうちの方へ]

①まず、年齢を整理しましょう。

❶ アオイさんは 9さい

❷ 「ハルコさんは アオイさんと イチカさんの ねんれいを たした かずの 2ばいの ねんれいで、32さい」
  ➡ハルコさん：32歳
  ➡（9＋イチカ）の2倍が32歳なので 16－9＝7 ……イチカ

②続いて、けしごむの個数を整理します。

❸ 「アオイさんと イチカさんの えんぴつの 本すうの ちがいの はんぶんだけ、イチカさんが アオイさんに けしごむを あげると、2人の けしごむの かずは、おなじに なります」より、えんぴつの本数を先に整理する必要があることがわかります。

❹ アオイさんは（略）えんぴつを 11本

❺ イチカさんは えんぴつを 7本

❸❹❺より 11－7＝4 ……2人のえんぴつの本数の違い
  ……その半分＝イチカさんがアオイさんにけしごむを「2個」あげるとする……❻

❼ イチカさんは(略)けしごむを 8こ

❻❼より
  8－2＝6 ……イチカさんがアオイさんにあげるとしたときの残り
  ＝アオイさんがもらったとき
  アオイさんはそれより2個少ないから 6－2＝4個

線分図で表すと

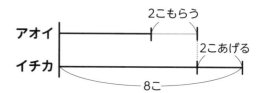

もんだい
10

ハナさんの すんでいる まちの ちずが 下に あります。ケヤキ どおりと クヌギどおり、また クヌギどおりと カエデどおりは それぞれ 300m はなれています。スズランどおりと ツツジどお りの あいだは、500mです。ハナさんの いえを でて きたへ すすみ、2つめの こうさてんを みぎに まがると、つぎの かど に けいさつしょが あります。けいさつしょの かどを みなみへ いき、スズランど おりを ひだりに まがり、つぎの こうさてんを みぎに まがると みぎてに スー パーが あります。スーパーを とおりすぎて つぎの こうさてんの かどの ちかく に シュウくんの いえが あります。シュウくんの いえの まえの みちを きたに いき、こうさてんを ひだりに まがると、みぎてに アカリさんの いえが あります。 アカリさんの いえの にしむかいは たんぼです。たんぼを みぎてに みながら す すんで いくと、つぎの かどに こうえんが あります。こうえんは クヌギどおりと ツツジどおりの こうさてんの かどに あります。こうえんの まえの みちを にし へ すすみ ケヤキどおりを きたに まがると ひだりてに あるのが みんなの が っこうです。こどもたちの いえや、けいさつしょなどの いちは それぞれ 下の ち ずの どこですか。ア〜シから えらんで、きごうで こたえましょう。

きた

ケヤキどおり　クヌギどおり　カエデどおり　ヒノキどおり

ヒマワリどおり

ア　イ　ウ

にし　スズランどおり　ひがし

エ
オ　カ　ケ
キ　ク　コ

ツツジどおり

サ
シ

みなみ

こたえ：

ハナさん ＿＿＿＿＿

シュウくん ＿＿＿＿＿

アカリさん ＿＿＿＿＿

けいさつしょ ＿＿＿＿＿

スーパー ＿＿＿＿＿

たんぼ ＿＿＿＿＿

こうえん ＿＿＿＿＿

がっこう ＿＿＿＿＿

▶ こたえはつぎのページ！

こたえ：

ハナさん：<u>カ</u>	シュウくん：<u>シ</u>	アカリさん：<u>ク</u>
けいさつしょ：<u>イ</u>	スーパー：<u>ケ</u>	たんぼ：<u>キ</u>
こうえん：<u>サ</u>	がっこう：<u>エ</u>	

[おうちの方へ]

「東・西・南・北」は、見る向きによって変わらない方向ですが、「右・左」は、歩く人の向きによって変化するので、きちんと歩く人の視線で見られるかが大切です。

　はじめは地図を回転させて、歩く向きに合わせて考えていただいて結構です。地図を回さずに分かるようになれば、かなり高度な平面認識となります。

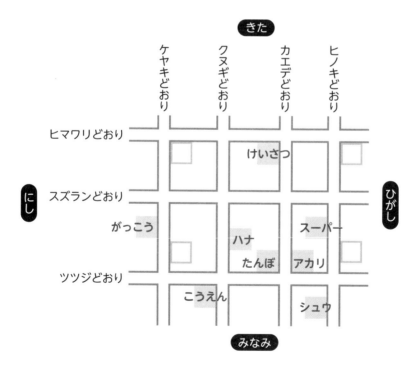

考える力を育てる天才ドリル

文章題が正しく読めるようになる

どっかい算（たし算・引き算編）

発行日	2023年7月21日　第1刷 2023年9月15日　第2刷
Author	株式会社認知工学（出題：水島 酔）
Book Designer	響田昭彦＋坪井朋子
Illustrator	村越昭彦
Publication	株式会社ディスカヴァー・トゥエンティワン 〒102-0093　東京都千代田区平河町2-16-1　平河町森タワー11F TEL 03-3237-8321（代表）　03-3237-8345（営業） FAX 03-3237-8323 https://d21.co.jp/
Publisher	谷口奈緒美
Editor	三谷祐一

Marketing Solution Company

飯田智樹　蛯原昇　古矢薫　山中麻吏　佐藤昌幸　青木翔平　小田木もも
工藤奈津子　佐藤淳基　野村美紀　松ノ下直輝　八木眸　鈴木雄大
藤井多穂子　伊藤香　小山怜那　鈴木洋子

Digital Publishing Company

小田孝文　大山聡子　川島理　藤田浩芳　大竹朝子　中島俊平　早水真吾
三谷祐一　小関勝則　千葉正幸　原典宏　青木涼馬　阿知波淳平　磯部隆
伊東佑真　榎本明日香　王廳　大崎双葉　大田原恵美　近江花渚
佐藤サラ圭　志摩麻衣　庄司知世　杉田彰子　仙田彩歌　副島杏南
滝口景太郎　舘瑞恵　田山礼真　津野主揮　中西花　西川なつか
野﨑竜海　野中保奈美　野村美空　橋本莉奈　林秀樹　廣内悠理
星野悠果　牧野類　宮田有利子　三輪真也　村尾純司　元木優子
安永姫菜　山田諭志　小石亜季　古川菜津子　坂田哲彦　高原未来子
中澤泰宏　浅野目七重　石橋佐知子　井澤徳子　伊藤由美　蛯原華恵
葛目美枝子　金野美穂　千葉潤子　西村亜希子　畑野衣見　藤井かおり
町田加奈子　宮崎陽子　青木聡子　新井英里　石田麻梨子　岩田絵美
恵藤泰恵　大原花桜里　蠣﨑浩矢　神日登美　近藤恵理　塩川栞那
繁田かおり　末永敦大　時田明子　時任炎　中谷夕香　長谷川かの子
服部剛　米盛さゆり

TECH Company	大星多聞　森谷真一　馮東平　宇賀神実　小野航平　林秀規　斎藤悠人 福田章平
Headquarters	塩川和真　井筒浩　井上竜之介　奥田千晶　久保裕子　田中亜紀 福永友紀　池田望　齋藤朋子　俵敬子　宮下祥子　丸山香織
Proofreader	文字工房燦光
DTP	響田昭彦＋坪井朋子
Printing	日経印刷株式会社

ISBN978-4-7993-2978-8
DOKKAI ZAN (TASHIZAN・HIKIZAN HEN) by Ninchikohgaku, Inc.
©Ninchikohgaku, Inc., 2023, Printed in Japan.